I0076652

RECHERCHES

SUR LE

GROUPEMENT DES ATOMES

DANS

LES MOLÉCULES

ET SUR LES CAUSES LES PLUS INTIMES

DES

FORMES CRISTALLINES.

Par M. A. GAUDIN,

CALCULATEUR DU BUREAU DES LONGITUDES.

PARIS

CARILIAN-GOEURY ET VICTOR DALMONT, ÉDITEURS,

LIBRAIRES DES CORPS ROYAUX DES PONTS ET CHAUSSÉES ET DES MINES,

QUAI DES AUGUSTINS, Nᵒˢ 39 ET 41.

—

1847

Imprimerie d'ALEXANDRE BAILLY, rue du Faubourg-Montmartre, 10.

RECHERCHES

LE GROUPEMENT DES ATOMES DANS LES MOLÉCULES

ET SUR

LES CAUSES LES PLUS INTIMES DES FORMES CRISTALLINES.

De tout temps la sagacité des philosophes a été mise en jeu pour l'explication des trois états distincts, sous lesquels se présentent les corps; savoir: l'état gazeux, l'état liquide et l'état solide. Les corps solides surtout ont fixé leur attention par la facilité de les manier et de les soumettre aux observations.

La résistance à la rupture d'un corps naguère fluide, ne s'expliqua d'abord que par la conception de particules crochues s'engrenant les unes dans les autres; mais la cassure polie des substances vitreuses, les surfaces planes et miroitantes obtenues par le clivage de certains cristaux, vinrent presque aussitôt contredire cette explication, ou du moins donner une première idée de l'extrême petitesse des particules matérielles.

Une étude plus attentive des cristaux les plus communs, tels que le sel gemme et le spath d'Islande, prouva que, par leur division mécanique, on obtenait des fragments de plus en plus petits, mais toujours de même forme pour un même corps, et ces fragments étant de forme prismatique, à côtés plans, et ressemblant plus ou moins à des cubes, on imagina que les particules étaient cubiques, et qu'elles s'adaptaient l'une contre l'autre, en rangées régulières, par un effet de l'attraction, pour former les cristaux. Enfin, on reconnut que chaque cristal était composé de *solides particuliers* réunis les uns aux autres, avec symétrie, solides constituant la molécule intégrante ou *primitive*, et le nombre de ces solides primitifs distincts, augmentant avec le temps, on les divisa en plusieurs espèces ou types. Telle fut la naissance de la cristallographie qui a été poussée si loin par Haüy, au moyen de la loi des décroissements.

Avant de passer outre, il est bon de nous former une idée approchée de la petitesse des particules matérielles. La division de l'or nous en fournira un exemple vulgaire. On a calculé que l'or, qui revêt l'argent doré, sur lequel on ne saurait découvrir au microscope la moindre solution de continuité, ne dépasse pas en épaisseur $\frac{1}{3000}$ de millimètre; par-là on a acquis la certitude que la surface d'un cube de 1 millimètre de côté contient un nombre de particules d'or plus grand que le carré de 3 000 qui est 9 millions, et son volume au delà du cube de ce nombre qui est 27 billions. Cependant on voit avec un puissant microscope, des êtres organisés dont le diamètre ne dépasse pas $\frac{1}{500}$ de millimètre, qui sont doués de mouvement et de vie, et ont par conséquent des organes, des muscles, des nerfs et des vaisseaux où circulent des fluides composés d'eau en majeure partie ; la ténuité des particules matérielles est donc infiniment plus grande que ne l'indiquerait cette donnée grossière de l'or étiré ; c'est-à-dire que nous ne devons pas prétendre à voir jamais les dernières particules du corps, et à plus forte raison les atomes qui les composent. Il y a des millions d'atomes dans la moindre particule matérielle visible au microscope.

C'est donc le raisonnement seul qui pourra nous mener à la connaissance des propriétés inhérentes aux groupes d'atomes et aux atomes eux-mêmes. En effet, la chimie doit déjà sa précision actuelle à la mesure d'une force commune à tous les atomes, mais variant de l'un à l'autre pour l'intensité, c'est leur poids relatif. Notons bien qu'il ne s'agit ici que d'une chose relative et par conséquent indépendante de toute valeur absolue, si petite qu'elle soit. Cependant il demeure démontré aujourd'hui, par une foule de preuves, que les poids relatifs obtenus s'appliquent bien à des particules matérielles isolées que l'on regarde, pour chaque corps, comme l'unité réelle de sa composition la plus élémentaire ; en un mot, à ces atomes dont l'extrême petitesse causait tout à l'heure notre étonnement.

Pour arriver à la connaissance du poids relatif des atomes, voici le raisonnement bien simple que l'on a suivi. Après avoir remarqué que la plupart des corps simples se trouvaient à l'état de métal, c'est-à-dire de matière dense, impénétrable à la lumière, etc., et que certains de ces métaux se désagrégeaient au contact de l'air et sous l'action de la chaleur, pour former une matière pulvérulente, dont le poids total dépassait celui du métal employé, on pensa avec raison que le métal s'était approprié un corps étranger, qui fut reconnu être de l'oxygène dérobé à l'air. On dit alors que le corps s'était oxydé, et le composé pulvérulent fut son oxyde. Par exemple, ayant opéré sur un corps M du poids 1, après l'oxydation, le corps a pesé $1 + x$ (1). Il n'était pas douteux que la combinaison s'était effectuée entre les moindres particules des corps M et x ; mais il restait à savoir si, dans la moindre particule du corps composé, les atomes du corps M étaient en même nombre que ceux du corps x, et la supposition la plus simple que l'on pût faire, était qu'un atome de M s'était uni à un atome de x. Cette supposition se vérifia par bonheur, de sorte que l'on put, du poids relatif des masses, conclure le poids relatif des atomes. En effet, si les atomes se combinent un à un, il se trouvera autant d'atomes dans M que dans x, et le poids atomique relatif de M sera au poids relatif de $x :: M : x$.

Ce procédé est commode pour le raisonnement ; cependant, pour obtenir

(1) J'ai mis x pour O, parce que cette dernière lettre, ressemblant à un zéro, se confond avec les chiffres. x représentera, si l'on veut, le poids de l'oxygène nommé O mentalement.

ces données, on a suivi la méthode inverse; c'est-à-dire qu'on a précipité, de leurs sels, les oxydes des métaux à leur état de première oxydation, et, après avoir réduit les oxydes en métal, par l'élimination de l'oxygène, le poids de l'oxyde, moins celui du métal obtenu, a été le poids de x. En poursuivant cette étude, on reconnut divers degrés d'oxydation, savoir: $M+x$, $2M+x$, $2M+3x$, etc.

Des corps simples non métalliques offrirent encore d'autres combinaisons, telles que $R+2x$, $R+3x$; $2R+5x$, $2R+7x$, ayant la propriété de se combiner à $M+x$, $2M+x$, $2M+3x$, pour composer des corps cristallins appelés sels. La première série forma les oxydes, et la seconde série les acides, et c'est de là que sont nées les formules chimiques.

Il existe cependant encore quelque incertitude sur le poids atomique relatif d'un corps simple, qui est précisément le plus répandu parmi les minéraux : c'est le silicium. Cela vient de ce qu'il n'a qu'un degré d'oxydation, et qu'on a assimilé, dès le principe, le composé résultant de son union à l'oxygène (la silice), à l'acide $R+3x$, tandis qu'il est réellement $R+2x$.

Comme il importe, avant tout, de bien déterminer le poids atomique relatif, puisque le nombre atomique en dépend immédiatement, je vais discuter le poids atomique du silicium.

Le seul moyen de parvenir à la vérité, est de recourir à une loi très-remarquable qui régit les corps gazeux. Cette loi consiste en ce que dans tous les corps gazeux ou en vapeur, à la pression ou température ordinaire, il y a sensiblement un même nombre de particules dans un même volume. Cela nous sera très-commode pour déterminer le nombre d'atomes que fournit chaque corps, lors des combinaisons; car nous pourrons évidemment raisonner sur les particules comme nous raisonnons sur les volumes; mais avant définissons bien ce que nous entendrons désormais par atome et molécule.

L'atome sera pour nous une particule matérielle sphérique ou ellipsoïde *chimiquement indivisible*, et la molécule une réunion *distincte* d'atomes en nombre quelconque.

On sait depuis longtemps que 1 volume d'hydrogène mêlé à 1 volume de chlore produit, après la combinaison, 2 volumes de gaz hydrochlorique, c'est-à-dire que le volume du composé est la somme des volumes composants; et comme les molécules sont par hypothèse à la même distance dans le composé qu'elles étaient dans chacun des gaz composants, nous pouvons dire que 1 molécule d'hydrogène, en se combinant avec 1 molécule de chlore, produit 2 molécules de gaz hydrochlorique. Chaque molécule de gaz hydrochlorique a donc exigé, pour se former, la moitié d'une molécule d'hydrogène, plus la moitié d'une molécule de chlore. Les molécules d'hydrogène et de chlore ne sont donc pas à l'état d'atomes, puisqu'elles subissent la division en deux parties égales; mais si nous les supposons composées chacune de 2 atomes, le phénomène de leur combinaison sera expliqué de la manière la plus simple, ce que nous exprimerons en disant que les molécules de l'hydrogène et du chlore sont biatomiques, ainsi que la molécule du gaz chlorhydrique.

Si l'on fait détonner un mélange de 1 volume d'oxygène et de 2 volumes d'hydrogène, formant 3 volumes, il en résultera 2 volumes de vapeur d'eau, c'est-à-dire que chaque molécule d'oxygène se partagera en 2 parties égales pour satisfaire à 2 molécules d'hydrogène ; donc la molécule de gaz oxygène est composée de 2 atomes, et chaque molécule de vapeur d'eau résulte de l'union de 1 atome d'oxygène avec 2 atomes d'hydrogène.

Par la décomposition de 2 volumes de gaz ammoniaque, on obtient 3 volumes d'hydrogène et 1 volume d'azote : 1 molécule d'azote, pour former 2 molécules de gaz ammoniaque, doit par conséquent se diviser en 2 parties égales ; donc la molécule du gaz azote est composée de 2 atomes, et la molécule du gaz ammoniaque résulte de la réunion de 1 atome d'azote avec 1 molécule et demie, ou 3 atomes d'hydrogène.

Ce raisonnement, qui me paraît sans réplique, a été imaginé par Ampère, avec cette différence, qu'il ne concluait pas comme moi, que ces diverses molécules ne sont formées que de 2 atomes.

Il résulte de là, que si l'on prend pour unité le poids de 1 atome d'oxygène, le poids de la molécule d'oxygène à l'état gazeux sera représenté par 2 ; toutes les fois donc que nous aurons calculé le poids atomique de 1 molécule, en prenant l'atome d'oxygène pour unité, il faudra diviser ce poids atomique par 2, pour avoir la pesanteur spécifique de la molécule du corps comparée à la molécule d'oxygène, ou de 1 volume du corps comparé à 1 volume d'oxygène, ce qui revient au même.

Nous avons maintenant les données suffisantes pour déterminer le poids atomique du silicium et la formule de la silice, en nous appuyant sur la pesanteur spécifique des composés gazeux de silicium, qui a été déterminée avec tant de précision par M. Dumas.

En effet, M. Berzélius nous avait appris déjà que la silice est composée de 48,04 de silicium et 51,96 d'oxygène, et, par suite, son chlorure de 17'3 de silicium et 82'7 de chlore ; M. Dumas a trouvé 5,939 pour la dureté du chlorure de silicium par rapport à l'air, soit 6,578 par rapport au gaz oxygène : il a reconnu aussi que chaque volume de chlorure de silicium *contient 2 volumes de chlore*, correspondant par conséquent à 1 volume d'oxygène, d'où il suit nécessairement que la molécule de silice est composée de 1 atome de silicium combiné à 1 molécule entière d'oxygène ; mais, d'après nos conclusions, la molécule d'oxygène est composée de 2 atomes : donc la silice est Si O². L'acide carbonique et l'acide sulfureux étant dans le même cas, leur formule doit être la même, ou, pour mieux dire, leur formule C̈, S̈ n'étant pas contestée, c'est celle de la silice qui doit être de même ordre. Nous avons donc 1,849 pour poids atomique du silicium, et 0,750 pour poids atomique du carbone.

Nous prendrons pour les autres corps les poids atomiques adoptés généralement, sauf celui du sodium, que je crois être 1,454, son oxyde étant $\overset{\cdot\cdot}{N}N$, comme isomorphe de l'oxyde d'argent Arg Arg, qui, lui-même, est ainsi fixé par la loi de Dulong sur le calorique spécifique des atomes.

Les poids atomiques étant ainsi fixés, je vais montrer que la densité des vapeurs s'accorde constamment avec leur formule; par exemple, la molécule d'alcool est composée de :

$$
\begin{array}{ll}
1 \text{ atome d'oxygène} & = 1,000 \\
2 \text{ atomes de carbone} & = 1,500 \\
6 \text{ atomes d'hydrogène} & = \underline{0,374} \\
& \quad 2,874 \\
& \underline{28,74} \\
& \dfrac{31,614}{2} = 1,58
\end{array}
$$

Ce qui donne 2,874 pour le poids de la molécule d'alcool comparée à 1 *atome* d'oxygène pris pour unité; mais, comme la molécule d'oxygène pèse sensiblement les $\frac{11}{10}$ du poids moyen des molécules d'air, il faut multiplier le nombre 2,874 par $\frac{11}{10}$, ce qui revient à y ajouter son dixième, résultat qui s'obtient facilement en répétant ce nombre sous lui-même, après l'avoir reculé d'une décimale vers la gauche; on obtient ainsi 3,161 pour la molécule d'alcool rapportée à la fois à l'atome d'oxygène et à l'air; mais ce rapport est le double de ce qu'il doit être, puisqu'on aurait dû le comparer à la molécule d'oxygène, *qui est 2 et non pas* 1; divisant donc par 2, nous avons 1,58 pour la pesanteur spécifique de la vapeur d'alcool rapportée à l'air.

On voit très-bien qu'il est inutile de se servir ici du rapport exact $\frac{1106}{1000}$ qui existe entre la densité du gaz oxygène et celle de l'air; l'essentiel est d'obtenir des nombres exacts, à quelques centièmes près, pour opposer cette méthode à l'ancienne, qui donnait des nombres *deux fois trop forts* : il s'agit d'un calcul de vérification, et non d'une donnée à faire servir habituellement; le nombre trouvé par expérience est 1,61.

Appliquons ce calcul à l'éther; sa molécule est $O^1 C^4 H^{10}$:

$$
\begin{array}{ll}
O^1 & = 1,000 \\
C^4 & = 3,000 \\
H^{10} & = \underline{0,625} \\
& \quad 4,625 \\
& \underline{46,25} \\
& \dfrac{50,875}{2} = 2,54.
\end{array}
$$

L'expérience a donné 2,58.

✳✳✳

Par cette méthode, qui représente le véritable état des choses, il n'est plus besoin de dire que la densité représente plusieurs volumes de vapeur; elle n'en représentera jamais qu'un seul; et, quand on trouvera des écarts sensibles dans l'application de cette règle, on verra qu'ils ne sont pas assez forts pour l'infirmer, et que cela vient d'un coefficient de dilatation et d'un autre de compression, différents pour la substance calculée de ceux propres aux gaz permanents, ce qui rend fautive la densité réduite à zéro.

Il y a juste vingt ans qu'Ampère, dans son cours du collège de France, appliquait son génie à la découverte de la structure des molécules. Supposant les atomes toujours à distance les uns des autres, et oscillant sous l'impulsion de forces diverses, il nous faisait concevoir les formes moléculaires comme des polyèdres engendrés par des lignes joignant les atomes; il nous démontrait clairement la nécessité de séparer en deux parties égales les molécules d'hydrogène, de chlore, d'oxygène, etc.; mais il croyait chacune de ces moitiés composée de 4 atomes au moins, et formant un tétraèdre régulier, le plus simple des polyèdres; et, sans recourir alors à des exemples, il concevait toutes les molécules comme résultant de la coïncidence du centre de gravité des polyèdres composants. Je quittai Paris à cette époque; et, pendant qu'Ampère écrivait son célèbre mémoire sur la génération des molécules, je cherchais, de mon côté, à résoudre le même problème en partant de données plus simples.

Poussant le principe d'Ampère à l'extrême, je ne comprenais pas que la molécule d'alun, qui contient certainement 95 atomes, fût la réunion de 95 polyèdres élémentaires, qui en formaient 1 binaire pour la potasse, 1 quinternaire pour l'alumine, 4 quaternaires pour les 4 molécules d'acide sulfurique, et 24 ternaires pour les 24 molécules d'eau. Cette agglomération ne m'apparaissait que comme une sorte de sphère hérissée de pointements, et je ne pouvais m'expliquer que la cristallisation de ces molécules produisît un octaèdre régulier, à moins de les considérer comme des points matériels; mais, dans ce cas, toute l'harmonie de la conception disparaissait, et je me disais : Si nous pouvions voir la structure d'une seule molécule, nous en déduirions bientôt tout le reste; mais c'est impossible. Je me suis donc mis à raisonner du simple au composé; considérant les atomes comme des points matériels sphériques ou ellipsoïdes n'obéissant qu'à leur attraction mutuelle, je pensai que la combinaison n'était que la *mise en commun d'un certain nombre d'atomes pour former des groupes rendus stables par leur équilibre mutuel;* et, envisageant d'abord l'état moléculaire des corps simples en vapeur, je remarquai que le mercure était monatomique; que l'hydrogène, le chlore, l'oxygène, l'azote, etc., étaient biatomiques; que la molécule du phosphore en vapeur était tétratomique; enfin, que la molécule de soufre en vapeur était hexatomique.

Les plus simples règles de la mécanique m'y faisaient voir, en effet, le point, la ligne droite, le tétraèdre régulier, et l'octaèdre régulier. Quant à la ligne droite des molécules biatomiques, ce n'est qu'une fiction. Il est tout simple que deux sphères matérielles, douées d'une attraction mutuelle, doivent sans cesse tourner l'une autour de l'autre dans un plan qui contient, à un instant donné, la ligne de leur plus courte distance ; d'ailleurs, de ce phénomène seul, peut découler la génération de la lumière, avec ses différents rayons doués de phases diverses dès leur origine.

Pour représenter d'une manière générale les formules qui vont suivre, j'indiquerai l'espèce des atomes par des lettres alphabétiques, et leur nombre par des chiffres ; par exemple, pour représenter 1 molécule contenant 1 atome de l'espèce A, plus 2 atomes de l'espèce B, plus 6 atomes de l'espèce C, j'écrirai $1 A + 2 B + 6 C$, ou simplement, en remplaçant le signe $+$ par une virgule, 1 A, 2 B, 6 C, ou bien encore A^1, B^2, C^6.

Au moyen de cette notation 1 A, 2 B sera la molécule de l'eau en vapeur, de l'acide carbonique, de l'acide sulfureux, de l'hydrogène sulfuré, du sulfure de carbone, etc.

3 A ne pouvant former qu'un plan ou triangle équilatéral ; 1 A, 3 B sera une molécule plane ou triangle équilatéral cintré, gaz ammoniaque, acide sulfurique anhydre en vapeur.

1 A, 4 B sera un tétraèdre centré, chrorure de silicium, hydrogène protocarboné, etc.

2 A, 4 B sera un octaèdre obtus, hydrogène deutocarboné.

Toutes ces formes sont probables, et la densité spécifique de leur molécule est toujours d'accord, si on la calcule comme nous l'avons déjà dit ; mais nous n'avons aucune preuve de la réalité de ces formes, tirée de la cristallisation ; c'était aussi mon opinion, et je vais dire quelle fut la première vérification de mon système.

Il est bien constaté que le fer magnétique, qui cristallise en octaèdre régulier, est composé de $\dot{F} + \dot{F}F = F^3, O^4 = 3 A, 4 B$.

Les 4 B, s'ils étaient seuls, formeraient un tétraèdre régulier ; mais 3 A sont incompatibles avec ce solide, et la seule manière de disposer 4 B, par rapport à 3 A, est de prendre 3 A pour axe, et 4 B pour la base carrée perpendiculaire à l'axe, chacun de ces 4 B étant à égale distance de chacun des 3 A ; 3 A, 4 B formeront, par conséquent, un octaèdre.

Si nous nous reportons à la formule de l'alcool, qui est 1 A, 2 B, 6 C, nous reconnaissons, par les simples règles de l'équilibre, que l'atome A étant seul et le plus pesant, il doit occuper le centre de la molécule ; chacun des B doit s'aligner avec l'atome A, en se mettant à l'opposé l'un de l'autre, pour former l'axe ; quant aux 6 C, pour se ranger symétriquement et en position d'équilibre, ils doivent se placer dans un plan perpendiculaire à l'axe, passant par l'atome central, de façon que chacun des atomes C soit à égale distance des atomes A et B ; par ce moyen, on obtient une double pyramide à base d'hexagone régulier, c'est-à-dire un dodécaèdre à triangles isocèles. On le voit clairement, les atomes, en se groupant, ont une tendance à former des solides bipyramidaux, solides supposant un axe et une base (que j'appellerai table). En effet, l'azotate de potasse est aussi, comme l'alcool, 1 A, 2 B, 6 C.

Cela étant admis, nous ne voyons plus, dans la cause des combinaisons et dans leur résultat, que la gravitation réciproque des atomes, donnant, en définitive, des solides réguliers ; et la combinaison des oxydes avec les acides s'expliquera par la propriété qu'ils ont de représenter à eux deux tous les éléments d'un solide régulier. Nous obtiendrons ainsi des *types moléculaires,* et, par l'agrégation régulière de ces types, des solides de grandeur finie qui seront en harmonie avec eux.

Pour représenter ces types et en distinguer les atomes, autant que possible, sans multiplier les figures, nous ferons des conventions et adopterons des signes. Nous représenterons les atomes par de petits cercles d'un diamètre variable, suivant la pesanteur relative des atomes qu'ils représenteront ; mais il sera bien entendu que ces diamètres sont exagérés uniquement pour en tirer le moyen d'y appliquer les signes de convention, et on devra, par la pensée, en réduire de beaucoup les dimensions, pour ne considérer que la distance de leurs centres.

L'atome des métaux portera des traits parallèles ; l'atome d'aluminium ou des métaux sesquioxydes, des traits croisés obliquement ; l'atome de phosphore, des traits croisés à angle droit ; l'atome de silicium sera pointillé ; l'atome de bore sera couvert de rayures circulaires croisées ; l'atome d'azote portera un seul trait ; l'atome de soufre, deux traits croisés à angle droit ; l'atome de chlore, trois traits croisés sous l'angle de 60° ; l'atome d'oxygène sera blanc ; l'atome de carbone, noir, et l'atome d'hydrogène se distinguera de tous par son petit diamètre et le point qu'il portera à son centre.

Les polyèdres moléculaires seront toujours représentés en projection verticale sur le plan, la table étant dans le plan ; et, quand cela sera nécessaire, cette projection sera accompagnée d'une de ses coupes principales, réunie à la projection par une ligne pointuée, ou indiquée par des lettres.

Pour éviter autant que possible les coupes, le chiffre 2, inscrit à côté ou sur 1 atome, signifiera que, dans une ligne parallèle à l'axe, il se trouve 2 atomes identiques, l'un au-dessus, l'autre au-dessous de la table, et à égale distance de celle-ci ; le nombre 3 représentera 3 atomes identiques ou axe. Si l'on remarque deux cercles concentriques, cela signifiera que c'est un axe 1 A, 2 B, et, autant que possible, l'un des atomes B supérieur et l'atome central A inférieur porteront leurs signes. Éclaircissons tout cela par des exemples. :

Fig. 1. — 1 A, mercure en vapeur.

» 2. — 2 A, molécule du gaz oxygène.

» 3. — 1 A, 1 B, oxyde de carbone.

» 4. — 1 A, 2 B, vapeur d'eau.

» 5. — 1 A, 2 B, acide carbonique.

» 6. — 1 A, 3 B, gaz ammoniaque.

» 7. — 1 A, 3 B, acide sulfurique anhydre en vapeur.

» 8. — 4 A, 5 B, naptaline (1).

» 9. — 4 A, 9 B, ⎫

» 10. — 6 A, 7 B, ⎬ hydrogènes carbonés de M. Faraday.

» 11. — 2 A, 3 B, alumine sesquioxyde de fer, etc.

» 12. — 3 A, 3 B, sulfure de mercure triplé.

» 13. — 3 A, 4 B, oxyde de fer magnétique.

» 14. — 1 A, 2 B, 4 C, acide sulfurique monohydraté.

» 15. — 3 A, 6 B, molécule d'eau ou de silice triplée.

» 16-17. 1 A, 2 B, 6 C, alcool, azotate de potasse.

Cela convenu, voyons la loi qui suit la génération des molécules, en commençant par les plus simples.

Nous avons d'abord le type 1 A, 1 B, sulfure de plomb, de zinc, chlorure de sodium, cinabre. De ce que la chimie arrive à la formule 1 A, 1 B, on ne peut pas en conclure que cela représente la molécule cristallisable ; ainsi simplifiée, elle serait une ligne droite, et par conséquent incristallisable. Il est très-facile, en la multipliant par 3, d'en faire un cube ou un hexaèdre, et en la multipliant par 4 d'en faire un tétraèdre. Dans le cube, les atomes occupent les six sommets, deux à deux vis-à-vis, ce qui forme deux tétraèdres réguliers identiques croisés. Dans le tétraèdre, 4 A occupent les quatre centres des bases, tandis que 4 B occupent les quatre sommets, ce qui fait encore deux tétraèdres réguliers croisés, pointe sur face, différents de dimensions, dont les carrés des côtés sont entre eux comme 1 : 6. Enfin, on a l'hexaèdre 3 A, 3 B (Fig. 12), ce qui répond aux trois formes primitives appartenant à ces molécules : le tétraèdre, le cube et le rhomboèdre.

Pour le type 1 A, 2 B, il y a une diversité encore plus grande de molécules primitives. En le multipliant par 2, on forme 2 A, 4 B, octaèdre obtus, deutoxyde d'étain et de titane ; en le multipliant par 3 ; 3 A, 6 B (Fig. 15), dodécaèdre à triangles isocèles, de l'eau, de la silice ; 3 A, 3 B ; 4 A, 4 B ; 5 A, 5 B ; 7 A, 7 B, pourraient encore donner les prismes droits à base de triangle équilatéral, de carré, de carré-centré et d'hexagone régulier centré. Enfin on ne peut faire le cube qu'autant qu'on réunit ensemble 9 molécules composant 27 atomes, les 9 A occupant les huit angles solides et le centre, tandis que les 18 B occupent le milieu de douze arêtes et des six faces (Fig. 18), où les 9 A forment un cube centré et les 18 B le même cube centré sur toutes

(1) Cette molécule peut aussi former un cube ou un tétraèdre centré.

ses faces et tronqué sur tous ses angles solides : chlorure de potassium, pyrite cubique, etc.

La pyrite magnétique est 7 A, 8 B (Fig. 19). Les 6 atomes de fer peuvent aussi se placer, à l'intérieur, à la place des atomes de soufre. Cette manière d'agréger les molécules pour en faire des solides réguliers en harmonie avec leur cristallisation ne donne pas encore des preuves manifestes de la bonté de mon système, à cause de la diversité des formes ainsi obtenues, pour un même type moléculaire ; mais, à mesure que le nombre des atomes augmentera, leur disposition prêtera de moins en moins à l'arbitraire, et nous trouverons bientôt des groupes d'atomes que nous ne pourrons arranger que d'une manière, et ce sera la série des carbonates qui nous en fournira le premier exemple.

Ces sels sont susceptibles de cristalliser sous deux formes différentes. La molécule étant $M\ddot{C}$, nous avons le type 1 A, 1 B, 3 C, et en le doublant 2 A, 2 B, 6 C. 1 A, 1 B, 3 C ne peut donner que l'hexaèdre à triangles isocèles (Fig. 11), et 2 A, 2 B, 6 C ne donne non plus que le dodécaèdre à triangles isocèles (Fig. 15, 16, 17) ; de plus, la molécule de dolomie étant formée de la réunion, en une seule, de 2 molécules de carbonates différents, sa molécule devient 1 A A', 2 B, 6 C, c'est-à-dire que dans l'axe 1 atome A peut contrebalancer 1 atome A', et de plus la molécule ne peut être autre qu'un dodécaèdre à triangles isocèles. Mais ces molécules cristallisent en rhomboèdres, donc le rhomboèdre dérive d'un dodécaèdre à triangles isocèles ; et comme nous avons déjà reconnu que l'eau et la silice cristallisables ont pour forme primitive un dodécaèdre à triangles isocèles, elles devraient par cela seul cristalliser en rhomboèdres ; cela est vrai, en effet. D'un autre côté, le carbonate de chaux est susceptible de bimorphisme. Est-ce parce que sa molécule peut être simple ou double, suivant l'un ou l'autre cas, ou cela dépend-il d'autres circonstances ?

GÉNÉRATION DU RHOMBOÈDRE.

Je dis que le rhomboèdre dérive de l'aggrégation symétrique des molécules qui ont pour forme un hexaèdre ou un dodécaèdre à triangles isocèles quelconque. Pour le prouver, commençons par reconnaître que si nous plaçons dans un plan un nombre indéterminé de molécules de l'une ou de l'autre espèce, les axes étant pour toutes perpendiculaires au plan, ces molécules devront observer la même distance entre elles pour une même espèce, et se ranger en triangles équilatéraux à l'infini, ou 6 en hexagone régulier autour d'une seule (Fig. 29), leurs faces toujours tournées symétriquement comme l'indiquent les fig. 22 et 42.

Si maintenant nous voulons placer de nouvelles molécules, tant au-dessus qu'au-dessous, dans de nouveaux plans parallèles au premier, nous reconnaîtrons qu'il y a deux solutions à cette question ; savoir : que les molécules pourront s'intercaler, tant au-dessus qu'au-dessous, normalement au centre des vides équilatéraux, de deux en deux, ou bien se placer en alignement, les unes au-dessus des autres. Dans ces deux cas les molécules conserveront entre elles précisément la même distance que dans le premier plan, ce qui est une condition de rigueur. Voyons d'abord quelles sont les propriétés du solide engendré par la première disposition. Pour nous y reconnaître facilement, la fig. 21 nous sera utile ; dans cette figure chaque petit cercle représente 1 molécule hexaèdre ou dodécaèdre dont l'axe est perpendiculaire au plan, et le numéro que portent ces cercles indique l'ordre de la tranche ; ainsi zéro désignera les molécules dans le plan ; 1, les molécules de la première tranche au-dessus ; 2, les molécules de la deuxième tranche au-dessus. La position de ces cercles représente aussi le lieu de leur projection verticale sur le plan : si donc on élève par la pensée, verticalement au-dessus de leur projection, les molécules 0, 1, 2, qui sont réunies par des diagonales, on apercevra aussitôt trois faces de construction également obliques à l'axe, entre lesquelles se feront trois clivages jouissant des mêmes propriétés. On reconnaît de plus que les molécules de la première tranche au-dessous de zéro, devront s'aligner verticalement au-dessus des molécules 2, et que la ligne 2, 0, 1, 2 étant dans un plan parallèle à 0, 1, 2 de l'autre côté du plan de clivage, ces clivages doivent se prolonger indéfiniment dans toute l'étendue du cristal. On reconnaît enfin, dans trois directions parallèles aux arêtes, d'autres faces de construction normales au plan, entre lesquelles doivent exister des clivages jouissant des mêmes propriétés. Ces six clivages caractérisant, comme on sait, le rhomboèdre, il s'en suit que ce type sera le mode de cristallisation suivi par les molécules hexaèdres et dodécaèdres.

ARRAGONITE.

Ce qui précède s'applique à des molécules exemptes de mélanges ; c'est tout autre chose si la cristallisation est troublée, le moins du monde, par des molécules isomorphes, mais de poids atomiques différents. Pour cela, supposons dans une tranche (Fig. 22) une molécule isomorphe d'eau ou de carbonate étranger, et cherchons à placer les molécules de la première tranche au-dessus ; supposons même que la première se place en A comme pour le rhomboèdre, précisément dans la normale au centre d'un vide équilatéral ; elle n'y sera pas en équilibre : plus fortement attirée par la molécule étrangère si elle pèse plus que les autres, moins attirée par elle si elle pèse moins, elle obéira à la plus forte attraction, et viendra se placer verticalement au-dessus de la molécule qui l'attirera davantage, et ainsi de suite des autres molécules. Par ce moyen se trouvera engendré un prisme rhomboïdal droit de 60 à 120 ; néanmoins comme les hexagones ne seront pas parfaitement identiques, à cause de la molécule troublante qui aura modifié les espacements hexagonaux, ce prisme sera légèrement déformé et approchera plus ou moins de ces limites. On voit aussi qu'un pareil prisme serait clivable suivant trois plans verticaux inclinés entre eux de 60°; mais cette édification du prisme ne saurait se continuer ainsi, avec la disparution de la cause troublante. Aussitôt que l'influence de la molécule aura cessé par l'interposition de quelques tranches, les molécules s'intercaleront dans les vides équilatéraux, suivant le système rhomboïdrique, ce qui barrera les plans de clivage; d'autant plus que l'intervention de nouvelles molécules isomorphes fera revenir le système prismatique, sans que les nouveaux plans de clivage puissent correspondre aux anciens : il n'y aura que la forme prismatique qui persistera, à grand'peine, à travers toutes ces vicissitudes; aussi la cristallisation de l'arragonite n'est-elle jamais franche : ses cristaux sont tourmentés et présentent rarement des formes irréprochables.

Si mon explication est vraie, les dodécaèdres aigus, c'est-à-dire du type 2A, 2B, 6C, ne sauraient donner des prismes rhomboïdaux droits, dans les mêmes circonstances, à cause de la longueur de l'axe, mais bien des prismes rhomboïdaux obliques, les molécules étant forcées de se mettre latéralement les unes aux autres : c'est ainsi que s'engendreraient les cristaux de feldspath; car sa forme primitive doit donner le rhomboèdre, et je n'attribue sa forme ordinaire qu'à la présence de molécules isomorphes et de poids atomique différent, savoir : de l'eau ou de la silice cristallisable, que les analyses soignées décèlent déjà; d'ailleurs c'est un principe que j'admets, qu'il n'y a pas de molécules *obliques* et que l'obliquité dérive toujours des solides axifères, obligés de se placer latéralement, dans des conditions d'équilibre, par suite d'un trouble dans leur cristallisation.

Ceci m'amène naturellement à parler de la forme du feldspath potassique.

FELDSPATH.

Toutes les analyses sont d'accord sur les nombres d'atomes d'oxygène appartenant tant au potassium, qu'à l'aluminium et au silicium : ces nombres sont 1, 3, 4, 12, et la silice étant Si,O^2, le type du feldspath est 1A, 2B, 6C, 16D. Remarquons déjà que 1A, 2B, 6C désignent le décaèdre à triangles isocèles, formant avec 1A, 2B l'axe, et avec 6C un hexagone régulier qui lui est perpendiculaire, en passant par l'atome A, qui occupe le centre, comme unité et le plus gros. En effet, les fig. 24 et 25 en montrent la projection et l'une des trois coupes passant par l'axe. Si le feldspath était pur, il devrait cristalliser un rhomboèdre; mais à cause des molécules étrangères qui ne peuvent manquer de cristalliser avec lui, puisque des cristaux complets de celles-ci (silice) cristallisent sans cesse dans le même milieu, il est contraint de suivre le type de l'arragonite avec la variante causée par la longueur de son axe, qui est l'obliquité.

Il y a une manière très-symétrique de disposer les molécules latéralement

les unes aux autres, c'est de placer l'extrémité de l'axe de l'une (que j'appellerai la *pointe*) vis-à-vis le centre de l'autre, de façon que celle-ci ait aussi sa
pointe vis-à-vis le centre de la première, l'atome d'oxygène qui forme ces
pointes occupant précisément le milieu de la ligne qui joint 2 atomes de silicium. Il est bien entendu d'avance que les molécules des tranchés horizontales,
parallèles à la base du prisme, se placeront, comme il a été dit pour les molécules du même genre, en triangles équilatéraux à l'infini (Fig. 42). Il est bien
clair aussi que l'obliquité des molécules aura une grande tendance à se diriger
vers le centre du cristal, c'est-à-dire suivant une ligne parallèle à la petite
diagonale d'un rhombe de 60 et 120.

Pour évaluer l'angle de l'obliquité des files de molécules, par rapport à
l'axe du prisme, qui est, comme toujours, censé parallèle à l'axe des molécules, nous aurons recours à une hypothèse bien simple, et qui est justifiée
par l'équilibre des atomes : ce sera de supposer qu'ils sont tous à la même distance entre eux ; ainsi les distances AB, BC, CD, DE, EF, FG (Fig. 26), seront
égales entre elles et prises pour unité. Dans ce cas :

$$\frac{(DG)^2}{2} = 1 - \frac{1}{4} \text{ et } DG = \sqrt{3}.$$

C'est la distance du centre de l'atome du potassium au centre de l'atome de
silicium. Appliquant cette valeur à la fig. 26, nous avons :

$$\overline{DH}^2 = \overline{\sqrt{3}}^2 - \left(\frac{\sqrt{3}}{2}\right)^2 = 3 - \frac{3}{4} = \frac{9}{4} \text{ et } DH = \frac{3}{2} = 1,5.$$

mais DA = 3, qui est le double ; donc l'angle xyz (Fig. 27) est celui dont la
tangente est le double du rayon. Prenant le log. de 2 pour le log. tang. de
l'angle xyz, nous trouvons 63°26'. J'avais consigné ce calcul dans mon
deuxième mémoire de 1832, sans connaître aucunement sa valeur dans les
cristaux ; et, un an plus tard en publiant à part dans un petit tableau litho-
graphié ce détail pour le feldspath, après avoir mesuré un gros cristal avec
un goniomètre de Haüy, j'avais noté que l'angle naturel différait de 3 ou 4°
de celui que j'avais calculé : cette différence ne me semblait pas énorme ;
néanmoins je m'adressai à M. Poisson, pour le prier d'appliquer sa puissante
analyse à cette question délicate. Il me recommanda à M. Lévy, l'habile cris-
tallographe de ce temps-là, qui me dit : « J'ai dans mes papiers cet angle, déduit de mesures prises sur des cristaux très-purs, et par conséquent c'est un
angle très-juste ; je vous le ferai connaître. » Enfin, cet angle s'est trouvé de
63° 32' : c'est une différence de 6', et l'accord du calcul avec l'expérience me
semble très-satisfaisant, surtout quand on songe que j'ai déduit le poids du
silicium d'expériences très-précises de M. Dumas, combinées à la loi de
M. Gay-Lussac, sur l'égal espacement des molécules gazeuses ; que j'ai
construit la molécule du feldspath d'après des règles établies pour toutes les

molécules ; et qu'enfin j'ai accolé ces molécules avec toute la symétrie possible. Il faut que ma théorie soit vraie, ou qu'il se soit trouvé dans ce fait un hasard bien singulier. Quoi qu'il en soit, remarquons que l'angle du prisme sera d'environ 60 et 120 ; qu'il sera oblique sur sa base de 63° 26, clivable parallèlement à la base et à la petite diagonale.

Peu après le rapport de MM. Becquerel et Gay-Lussac, M. Dumas me fit faire quelques recherches sur l'application de ma théorie à divers carbures d'hydrogène ; ce fut une occasion pour moi de lui dire que je ne pouvais appliquer mes principes à l'acide benzoïque, *à moins d'en retrancher* 1 *atome de carbone*, et je lui parlai de ce fait avec tant de chaleur qu'il en fut frappé, et me dit : « Ce sera pour moi une raison de plus pour refaire l'analyse de M. Berzélius. » En effet la formule de l'acide benzoïque représente 2 molécules en vapeur, elle est aujourd'hui O^4, H^{12}, C^{14}, dont la moitié est O^2, H^6, C^7 ; (Fig. 29), et le poids spécifique de la vapeur est de 4,27.

$$Le\ calcul\ donne\quad O^2 = 2,000$$
$$H^6 = 0,375$$
$$C^7 = 5,250$$
$$\overline{\quad 7,625\quad}$$
$$7,625$$
$$\frac{\overline{8,3875}}{2} = 4,1937$$

ce qui est d'accord ; tandis que M. Berzélius ayant trouvé 15 atomes de carbone, je n'en pouvais prendre la moitié. M. Dumas en communiquant sa nouvelle analyse à l'Académie des sciences, déclara *que j'avais prévu ce fait par ma théorie*.

ALUN.

Parmi tous les sels, il n'en est aucun dont la composition soit mieux déterminée que celle de l'alun potassique ; de l'aveu de tous les chimistes il contient 1 molécule de potasse, 1 molécule d'alumine, 4 molécules d'acide sulfurique et 24 molécules d'eau ; soit :

1A, 2B, 4C, 40D, 48E, en tout 95 atomes.

Nous voyons déjà par les trois premiers membres 1A, 2B, 4C, que la molécule a un atome central A, un axe 1A, 2B, et une table à quatre côtés égaux 4C ; en un mot, que c'est un octaèdre, ce qui est vrai.

Pour nous en rendre compte, pratiquons des coupes dans la molécule représentée en projection fig. 30, et remarquons que la somme de tous les atomes est celle que contiennent une coupe AA, +2 coupes BB, +2 coupes CC, +2 coupes B'B'.

La coupe AA contient K^1, A^2, S^2, O^{16} H^4

Chaque coupe BB $\begin{cases} O^6 & H^{14} \\ O^6 & H^{14} \end{cases}$

Chaque coupe CC $\begin{cases} S^1 & O^4 & H^4 \\ S^1 & O^4 & H^4 \end{cases}$

Chaque coupe BB ou B'B' $\begin{cases} O^2 & H^4 \\ O^1 & H^4 \end{cases}$

En tout : $\overline{K', A^2, S^4 \quad O^{40}, \quad H^{48}}$

ce qui est bien d'accord avec la formule (1).

On remarquera dans la coupe AA, la disposition en hexagone régulier de 6 atomes d'oxygène autour des atomes de potassium et de soufre, disposition qui se retrouve également dans la molécule de feldspath, dans trois plans différents ; et dans quelque sens qu'on mène une ligne d'un atome à un autre atome, la même ligne peut être menée du côté contraire, c'est-à-dire que la molécule est symétrique dans tous ses points ; ce qui n'aurait pas lieu si on y ajoutait ou si on en retranchait un seul atome. Cela me semble une nouvelle preuve de la vérité de mon système.

La composition du sucre de canne est aussi bien déterminée : elle s'exprime par 12 atomes de carbone réunis à 11 molécules d'eau ; eh bien ! il n'y a qu'une façon de ranger ces atomes, et dans ce groupe (Fig. 38 et 39), les 12 atomes de carbone sont séparés des 11 molécules d'eau linéaires, toutes alignées parallèlement à l'axe, qui est lui-même composé de 3 molécules de cette sorte, à la file l'une de l'autre.

Il y a aussi des molécules composées de dodécaèdres à triangles isocèles réunis : la boracite est composée de 3 de ces dodécaèdres, et le phosphate de plomb, chlorure (*pyromorphite*) en contient 7.

Dans la boracite, le nombre des atomes d'oxygène du magnésium est au nombre des atomes d'oxygène du bore $::1:4$; et comme la magnésie est $\dot{M}$, tandis que l'acide borique est $\ddot{B}\dot{B}$, pour que la molécule de boracite puisse renfermer un nombre entier de chacune des molécules composantes, il faut multiplier les atomes d'oxygène par 3 ; ce qui donne le nouveau rapport $3:12$, identique au premier, et le type devient

$$3\,A, \; 8\,B, \; 15\,C.$$

La fig. 20 représente la projection verticale de ce groupe, qui résulte de l'union intime de 3 dodécaèdres à triangles isocèles ayant au centre un hexaèdre à triangles isocèles. C'est un hexaèdre tronqué.

PYROMORPHITE.

La formule du plomb phosphaté chloruré, selon toutes les analyses, est

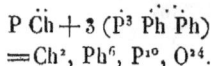

$$P\,\ddot{C}h + 3\,(P^3\,\ddot{P}h\,\dot{P}h)$$
$$= Ch^2, \; Ph^6, \; P^{10}, \; O^{24}.$$

(1) Les lignes qui joignent les atomes indiquent les attractions de premier ordre.

Cette molécule résulte de l'assemblage de 7 dodécaèdres, dont 4 ont pour axe 1 A, 2 B, la rencontre de ces axes par la table formant un triangle équilatéral centré, qui se croise avec un autre triangle équilatéral de même dimension formé par la rencontre des trois autres axes 2 A. En définitive, la forme de cette molécule est un dodécaèdre à triangles isocèles tronqué profondément : de sorte que le cristal doit être engendré par la superposition dans un même alignement de ces tables hexagonales ; de là le prisme hexagone régulier clivable parallèlement à ses côtés.

L'étude des décroissements est très-utile en cristallographie pour déterminer ce qu'on appelle les *dimensions de la molécule*. Les molécules étant nécessairement espacées entre elles, les solides que l'on obtient ainsi donnent les dimensions du vide produit par la soustraction d'une molécule, qui se compose, par conséquent, de la dimension des molécules, augmentée de leur distance entre elles.

C'est ce que je vais montrer en calculant le biseau produit dans le plomb phosphaté chloruré pour le décroissement sur une rangée.

Pour cela, je commencerai par poser en principe que, dans les corps cristallisés hors le système oblique, la distance entre les centres des molécules *voisines* est constamment la même ; ce que nécessite d'ailleurs le phénomène de la fusion, qui change à peine la densité des cristaux. Si alors nous examinons la fig. 37, nous reconnaissons que la face de décroissement a son axe parallèle à la ligne de clivage, et que par conséquent, les lignes AA', qui sont la trace d'un plan rectangulaire à l'axe, et sont situées dans le plan du biseau, résultent du décroissement de 2 sur 2 ; ce qui revient au même. Mais, par construction, le plan ADA'D, compris entre les centres de 4 molécules situées dans un même plan, est un rhombe de 60 et 120, quels que soient le côté et sa grande diagonale. Si donc nous nommons Δ le côté du rhombe, la ligne verticale comprise entre les centres de 3 molécules superposées sera 2 Δ, et la grande diagonale sera $\Delta\sqrt{3}$; mais $\Delta\sqrt{3}$ est l'horizontale, qui fait un angle droit avec 2 Δ, lequel angle droit a pour hypothénuse la ligne AA', par conséquent $\Delta\sqrt{3} : 2\Delta :: r : x =$ tang angle cherché ; d'où $x = \dfrac{2\Delta r}{\Delta\sqrt{3}}$, équation où x est indépendante de la valeur de Δ, c'est-à-dire de la grandeur des intervalles extra-moléculaires, et se réduit à $\dfrac{2r}{\sqrt{3}}$; d'où tang angle cherché est :

$$\begin{array}{r} \log. 2 = 0.30103 \\ \tfrac{1}{2}\log. 3 = 0.23856 \\ \hline 0.06247 \end{array}$$

$$= 49° \; 6'$$

L'angle donné par M. Dufrénoy est   48° 30'

Différence :   36'

Je terminerai par l'application de ces principes au grenat amphigène, pour montrer la génération du dodécaèdre rhomboïdal.

Toutes les analyses sont d'accord pour attribuer au grenat amphigène des nombres atomiques d'oxygène, qui sont respectivement, pour le potassium, l'aluminium et le silicium, 1, 3, 8; et la silice étant $Si\,O^2$, le type moléculaire devient 1 A, 2 B, 4 C, 12 D. Par les trois premiers membres de cette formule, on reconnaît un octaèdre; en effet, la molécule (Fig. 38 et 39) est un octaèdre à base carrée, qui a le même axe que le feldspath, et n'en diffère que par le nombre des coupes principales, qui est de 2 au lieu de 3; il y a 4 pans au lieu de 6 pans.

Comme ces molécules ont la propriété de cristalliser dans le système cubique, il est tout simple qu'elles doivent placer leurs axes dans 6 directions différentes coïncidant 2 à 2. Cela doit être dans le cas du grenat; néanmoins, elles peuvent aussi cristalliser en octaèdre à bases carrées et en prisme rhomboïdal oblique, suivant les circonstances. Car l'octaèdre est au rhomboèdre ce que sont les molécules octaèdres aux molécules dodécaèdres, et le prisme oblique d'environ 90 est à celui de 60 et 120 dans les mêmes rapports. La fig. 41 montre 4 molécules ayant placé leur pointe dans un même plan, à 2 distances d'atome, plus ou moins, cela est indifférent, chacune ayant les atomes d'une coupe principale dans le plan, et, par conséquent, les atomes de l'autre coupe dans le plan rectangulaire. Si nous imaginons en même temps qu'il se place au-dessus comme au-dessous une nouvelle molécule avec sa pointe et ses plans principaux dans les mêmes conditions, ces 6 pointes intérieures formeront un octaèdre régulier, comme les 6 pointes extérieures, ce que j'appellerai *un noyau*. L'octaèdre régulier naîtra donc toujours de molécules octaèdres placées dans cette circonstance, quelles que soient les dimensions relatives (axe à base) de ces octaèdres.

La cristallisation ayant ainsi commencé, elle devra se continuer indéfiniment de la même manière, les pointes extérieures des molécules devenant chacune le centre de nouveaux octaèdres réguliers composés de 6 molécules. La fig. 42 montre la réunion de 60 molécules. En joignant les 6 sommets d'octaèdres chacun par 4 lignes aux pointements de coïncidence de ces octaèdres (le demi-axe des octaèdres étant pris pour unité), on obtient 12 rhombes égaux dont les côtés sont $\sqrt{3}$, dont les grandes diagonales sont aux petites :: $\sqrt{2}$: 1 (rapport de la diagonale au côté du carré) formant, en un mot, 6 pointements tétraèdres correspondant aux 6 faces du cube, et 8 pointes tétraèdres correspondant à ses 8 angles solides, réunissant toutes les propriétés du dodécaèdre rhomboïdal.

Pour le démontrer, reprenons la fig. 41, qui représente le dodécaèdre rhomboïdal projeté sur un plan horizontal. Les zéro indiquent les pointes dans le plan; les unités, les pointes élevées verticalement au-dessus du plan, à la hauteur 1; et le 2, la pointe de l'octaèdre central, élevé à 2 de hauteur au-dessus du plan. Les distances 0 à 2 dans le plan égalent aussi 2, donc 0,2, grande diagonale $= 0,0 = \sqrt{8} = 2\sqrt{2}$; 1,1, petite diagonale $= 2$: leur rapport est $: \sqrt{2} : 1$. 1,1,1 sont des droites 0,1,2 aussi; elles ont le point 1 commun, donc 0,1,2,1, qui joignent les extrémités de ces droites, forment un plan dont les limites sont un rhombe.

Verticalement au-dessous de 1 se trouve la petite diagonale = 2 de 4 nouveaux rhombes identiques aux premiers; enfin, la face en dessous, semblable à la face 0,0,0,0, que nous venons d'analyser, en contient aussi 4, ce qui forme, en tout, les 12 rhombes égaux du dodécaèdre rhomboïdal du grenat amphygène.

Ces dimensions se vérifient du reste très-bien en considérant que le dodécaèdre rhomboïdal naît immédiatement d'un pointement à 4 faces sur chacune des faces du cube, la normale menée du sommet des pointements tétraèdres allant rencontrer la face du cube à une distance égale à la moitié d'une de ses arêtes prise pour 2; car alors chaque face tétraèdre des pointements étant prolongée, elles coïncident 2 à 2, à la rencontre de chacune des 12 arêtes du cube qui forment les petites diagonales égales à 2; mais, par construction, chaque moitié de la grande diagonale est l'hypoténuse d'un triangle dont les côtés sont 1; donc la grande diagonale vaut $2 \sqrt{2}$, et son rapport avec la petite est de $: \sqrt{2} : 1$. Quant aux côtés des rhombes, leur égalité est manifeste, et, de plus, ils sont l'hypoténuse d'un triangle dont un côté est 1, et l'autre $\sqrt{2}$, dont la somme des carrés est 3 et la racine $\sqrt{3}$.

Il résulte de tout ceci une assez forte probabilité que les atomes existent, comme les indiquent les formules chimiques; qu'ils sont groupés en polyèdres symétriques distincts que j'appelle molécules, en rapport avec les formes cristallines qui en dérivent; que dans ces molécules ils se trouvent entre eux sensiblement à la même distance, tout comme les molécules entre elles; que la distance des atomes entre eux, comme celle des molécules entre elles, est la résultante de deux forces, l'une attractive et l'autre répulsive; que je me propose dans un exposé complet de faire dériver, la force attractive d'une différence d'impulsion de l'éther, proportionnelle à la surface de moyenne section des atomes, combinée à la surface d'écran qu'ils constituent les uns pour les autres; et la force répulsive, de la réaction de l'éther, qui est précisément le double des deux forces opposées d'attraction. Il en résulte que si l'hypothèse de l'agglomération des atomes d'hydrogène est vraie, le poids atomique de l'atome composé d'hydrogène sera sensiblement le carré de la racine cubique du nombre des atomes agglomérés. La force d'impulsion totale de l'éther étant égale à la vitesse de propagation de la lumière, ce serait celle qui retient agglomérés les atomes d'hydrogène.

Quant aux propriétés de la lumière dans les milieux matériels, elles dériveraient de l'étendue et de la disposition des espaces intra et extra-moléculaires, ainsi que de la force d'élasticité de l'éther dans ces espaces.

La réfraction serait une inflexion des rayons lumineux, par suite du raccourcissement subit des ondulations, à la jonction de deux milieux éthérés d'élasticité différente ; la polarisation par réflexion, serait une séparation des rayons lumineux ondulants dans tous les plans, en deux portions : l'une ondulant dans des plans voisins du plan d'incidence, et l'autre dans des plans rectangulaires à ceux-ci ; enfin, la polarisation par réfraction intra et extra-moléculaire, dépendrait des espacements réguliers qui existent entre les tranches d'atomes dans les molécules, et entre les tranches de molécules dans les cristaux, ces tranches se croisant toujours sous des angles de 90, 60 et 120° dans les molécules, autres que les solides primitifs à base rhombe d'un angle intermédiaire ; mais les espacements extra-moléculaires domineraient tout, et la direction qu'ils impriment à la lumière dépendrait, à la fois de leur direction, de leur largeur, de la force d'élasticité de l'éther qu'ils contiennent, et par conséquent de la nature des rayons lumineux qui les pénètrent, c'est-à-dire de leur direction, de leur plan de longueur et forme d'ondulation, soit linéaire, soit plane, soit hélicoïde. J'ai déjà fait quelques expériences conçues sous ce point de vue, qui en vérifient la base.

Je me propose de développer tout cela d'une manière complète. La partie qui concerne le groupement des atomes en molécules, et des molécules entre elles, n'est elle-même qu'une faible portion des résultats que j'ai obtenus ; ce sera un travail de longue haleine, qui m'a coûté vingt années de réflexions ; mais il fallait enfin publier quelques-uns de mes résultats, pour provoquer la controverse sur les lois mystérieuses qui régissent les atomes et les molécules.

Déjà, on le voit, mes résultats viennent en aide aux formules chimiques et à la cristallographie, en montrant que les unités des formules chimiques sont réellement des atomes indivisibles. J'appelle donc une attention sérieuse sur ces principes, qui me semblent appelés à former une branche des sciences, toute nouvelle. Rappelons-nous que les aperçus nouveaux fondés sur les faits, ont, tôt ou tard, des applications inattendues ; par exemple, qui eût prédit, avant l'événement, que M. Biot appliquerait la polarisation rotatoire de manière à pouvoir faire, d'un seul coup, l'analyse qualitative et quantitative de certains corps ?

Je me borne aujourd'hui à exposer un ensemble rapide de mes recherches, sur un sujet que n'ont pas dédaigné les plus hautes intelligences ; il est bien temps de fixer irrévocablement le poids relatif de tous les atomes, pour tâcher de relier, par des lois, notre riche collection de composés chimiques. Je pense qu'on reconnaîtra que, si je n'ai pas réussi à ouvrir la voie, je me suis du moins livré à un travail persévérant et consciencieux pour y arriver. Si j'ai subi déjà quelques critiques anticipées, j'en ai été amplement dédommagé par les encouragements flatteurs des hommes les plus éminents dans les sciences, et je viens ici leur en témoigner ma vive gratitude.

Je joins, à mon travail, le rapport que MM. Becquerel et Gay-Lussac ont fait sur mes deux premiers mémoires. Mon premier mémoire a été imprimé en entier dans les *Annales de physique et de chimie*, et ce sont les treize feuilles de dessins qui ont empêché la publication du second par la même voie.

ACADÉMIE DES SCIENCES.

(*Séance du lundi 5 novembre 1832.*)

L'Académie nous a chargés, M. Gay-Lussac et moi, de lui faire un rapport sur les deux premières parties d'un travail fort étendu de M. Gaudin, qui a pour titre : *Recherches sur la structure intime des corps inorganiques définis, et Considérations générales sur le rôle que jouent leurs dernières particules, dans les principaux phénomènes de la nature, tels que la conductibilité de l'électricité et de la chaleur, le magnétisme, la réfraction, (simple ou double) et la polarisation de la lumière.*

Quoique l'Académie accueille ordinairement avec une certaine réserve les théories qui ne sont pas appuyées de faits nouveaux, néanmoins celle qui est présentée par M. Gaudin repose sur des principes si simples, que vos commissaires ont cru devoir vous en rendre un compte détaillé.

Depuis longtemps on a essayé de remonter aux dernières particules des corps, dans l'espoir de découvrir quelques-unes de leurs propriétés physiques ; mais les faits manquaient alors pour qu'on pût former une théorie capable de soutenir un examen tant soit peu sévère.

Descartes, à qui son imagination ne permettait pas toujours d'attendre l'expérience pour vérifier ses conjectures, considérait les corps qui nous environnent comme composés de petites parties, variées en grosseur et en figures, et séparées par des intervalles remplis de matière éthérée, par l'intermédiaire de laquelle l'action de la lumière se transmettait. Il admettait que les dernières particules de l'eau étaient longues, unies et glissantes, comme de petites aiguilles, tandis que celles des autres corps avaient des figures irrégulières et inégales qui leur permettaient de s'accrocher ensemble, comme le font les branches des arbrisseaux dans une haie. Il supposait en outre qu'elles n'étaient pas indivisibles comme les atomes ; ce qui tendrait à faire croire qu'il avait déjà, des molécules, l'idée que nous y attachons actuellement ; et cependant l'étude de la cristallographie était alors inconnue.

Plus de cinquante ans après, Swédenborg, dans son *Prodromus principiorum rerum naturalium*, essaya d'expliquer la formation des cristaux, en groupant symétriquement, les uns à côté des autres, des atomes sphériques. Plusieurs autres philosophes ont également fait des tentatives infructueuses pour arriver au même but.

Haüy a suivi une autre direction : il a pris pour molécule élémentaire ou intégrante (comme il l'appelle) le solide le plus simple que donne le clivage ;

et, au moyen de décroissement sur les angles ou sur les côtés des cristaux qu'il prend pour formes primitives, il parvient à expliquer d'une manière assez satisfaisante la formation des cristaux secondaires et toutes leurs modifications. Quand le cristal n'est pas clivable, il détermine, par des considérations théoriques et par le calcul, le noyau primitif et la molécule intégrante.

Le docteur Wollaston, en 1813, a publié dans les *Transactions philosophiques* un mémoire sur les particules élémentaires de certains cristaux, dans lequel il combat une partie de la théorie de Haüy. Il considère d'abord l'octaèdre régulier, et dit qu'en adoptant pour molécule le même solide, ou le tétraèdre régulier, l'espace vide est un tétraèdre ou un octaèdre ; et qu'alors l'équilibre est peu stable, puisque le contact mutuel des molécules adjacentes n'a lieu que sur leurs bords. Pour lever cette difficulté, Wollaston suppose que les molécules élémentaires sont des sphères parfaites, auxquelles leur attraction mutuelle fait prendre une position telle, qu'elle les rapproche le plus possible les unes des autres. Il explique de la même manière la formation du rhomboïde aigu, ainsi que les clivages que l'on observe dans ces trois formes.

Il passe ensuite à l'examen des formes que l'on peut obtenir par l'union d'autres solides qui se rapprochent le plus de la sphère, c'est-à-dire de sphéroïdes. En supposant que l'axe des sphéroïdes élémentaires soit la plus courte dimension, et que le groupement s'effectue de la même manière que celui des sphères, on obtient des rhomboïdes plus ou moins obtus. Ainsi, suivant Wollaston, le carbonate de chaux aurait pour molécules élémentaires des sphéroïdes aplatis.

Si, au contraire, les sphéroïdes élémentaires sont oblongs, au lieu d'être aplatis, leurs centres seront rapprochés lorsque leurs axes seront parallèles, et leur plus court diamètre sera dans le même plan. Le solide ainsi formé est susceptible de se cliver en plaques, à angles droits avec les axes ; ces plaques se diviseront en prismes de trois ou six côtés, ayant leurs angles égaux, comme dans le phosphate de chaux.

Cette théorie, comme celles du même genre qui ne reposent pas sur la composition anatomique des corps, ne saurait arriver au but qu'elle se propose ; et M. Ampère l'a parfaitement compris. La découverte de l'un de vos commissaires, M. Gay-Lussac, sur les proportions simples que l'on observe entre les volumes d'un gaz composé et ceux des gaz composants, lui a fait naître l'idée d'une théorie qui est plus en harmonie avec l'état de nos connaissances.

On admet généralement que les dernières particules des corps, les atomes, sont tenues par des forces attractives et répulsives, à des distances infiniment grandes relativement à leurs dimensions ; dès lors, leurs formes ne peuvent avoir aucune influence sur les propriétés physiques de ces corps, qui doivent dépendre en grande partie du nombre et du groupement des atomes. M. Ampère part en conséquence de ce principe que les atomes enferment entre eux un espace incomparablement plus grand que leur volume; cet espace, pour exister, doit posséder nécessairement trois dimensions, ce qui exige qu'une molécule, qui est formée de la réunion de plusieurs atomes, renferme au moins quatre de ceux-ci. L'intersection des divers plans qui passent par trois de ces atomes, en laissant d'un seul côté tous les autres, donne naissance à des polyèdres qui représentent la molécule intégrante.

Pour arriver à la détermination de ces formes polyédriques, il emploie le clivage et les rapports qui existent entre les composants, et s'appuie, en outre, sur l'hypothèse que dans les gaz, soit simples, soit composés, le nombre des molécules est proportionnel au volume du gaz. Cela admis, il suffit de connaître les volumes, à l'état de gaz, d'un composé et de ses parties constituantes, pour savoir combien une molécule de ce composé contient de molécules ou de portions de molécule de ses composants. Par exemple : un volume de gaz nitreux est composé d'un demi-volume d'oxygène et d'un demi-volume de gaz azote; donc, une molécule de gaz nitreux sera formée d'une demi-molécule d'oxygène et d'une demi-molécule d'azote. Mais comme les atomes sont indivisibles, pour éviter d'avoir des demi-atomes dans les molécules des corps composés, il suppose que celles des gaz simples, tels que l'oxygène, l'hydrogène, l'azote et le chlore, sont composées d'un nombre pair d'atomes, suffisant pour que toutes les combinaisons connues satisfassent à cette condition. Le nombre 4 lui a paru suffisant.

En partant de là, il montre comment le tétraèdre, l'octaèdre, le parallélipipède, le prisme hexaèdre et le prisme rhomboïdal peuvent être formés avec 4, 6, 8, 12 et 14 atomes. Il combine ensuite entre elles ces diverses formes, pour avoir des molécules composées. L'octaèdre réuni d'une certaine manière avec le tétraèdre donne 1 hexadécaèdre, formé de 4 faces triangulaires équilatérales et 12 isoscèles. 2 octaèdres réunies au prisme hexaèdre peuvent se joindre à 2 tétraèdres formant un cube, et donner un polyèdre à 20 sommets, composés de 30 faces, etc. etc. En continuant ce genre de combinaisons, M. Ampère est parvenu à obtenir, pour formes primitives des molécules, des polyèdres de 54, 66, 80 faces, etc., qui représentent les divers arrangements des atomes dans les corps.

Suivant cette manière ingénieuse d'interpréter la composition des corps inorganiques, une combinaison entre deux corps n'est possible qu'autant que leurs molécules en se réunissant donnent un polyèdre. M. Ampère s'appuie également sur la forme des molécules, pour expliquer les propriétés chimiques de quelques composés. Ainsi, on peut prévoir, suivant lui, quels sont les gaz que l'eau ne peut absorber qu'en très-petite quantité, par la simple interposition de quelques-unes de leurs particules entre celles de l'eau, et quels sont les rapports des quantités d'acide, de base, et même d'eau de cristallisation, qui doivent se trouver dans les sels acides. M. Ampère a trouvé par sa théorie que la plupart des sulfates sursaturés doivent, conformément à l'expérience, contenir trois fois plus de base que les sulfates neutres; que, dans les sulfates acides, la quantité d'acide sulfurique est double de celle qui se trouve dans les sulfates neutres; que la quantité d'eau contenue dans l'acide nitrique est à peu près celle que Wollaston a déterminée par expérience; enfin, que le sel ammoniac devait avoir pour forme représentative un dodécaèdre rhomboïdal qui appartient au système cristallin de ce sel.

L'accord qui règne souvent entre les résultats théoriques de M. Ampère et ceux de l'expérience doit exciter le plus vif intérêt.

M. Gaudin, l'auteur des Mémoires dont nous rendons compte, frappé des belles conceptions de M. Ampère sur la structure des corps inorganiques, a conçu le projet, en partant de quelques-uns de ces principes, et en s'appuyant sur d'autres qui lui sont propres, d'expliquer la plupart des propriétés physiques des corps. Les formes qu'il adopte pour leurs molécules sont, en général, plus simples que celles indiquées par notre collègue : comme lui, il pense que les corps simples, l'oxygène, l'azote, l'hydrogène, etc., ont des molécules constitutives composées elles-mêmes de plusieurs atomes; mais, au lieu d'en prendre au moins 4, il montre que le nombre doit satisfaire à deux conditions : 1° aux résultats de l'analyse de tous les composés dans lesquels ces corps se trouvent; 2° à la loi de symétrie qui préside à tous leurs groupements. C'est là la partie intéressante du travail de M. Gaudin.

Voici maintenant comment il raisonne : 1 volume ou une partie de chlore, en se combinant avec 1 volume ou une partie d'hydrogène, donne 2 volumes ou 2 particules de gaz acide hydrochlorique; cette combinaison ne peut s'effectuer (puisque les atomes ne sont pas divisibles) qu'autant que les particules le sont; de là résulte la nécessité de prendre 2 atomes pour la molécule du chlore, et 2 atomes pour celle de l'hydrogène.

De même 1 volume de gaz oxygène, en se combinant avec 2 volumes de gaz hydrogène, donne 2 volumes de vapeur d'eau; il faut alors que chaque particule d'oxygène s'approprie 2 particules d'hydrogène; il y aura donc 3 particules dans chaque particule d'eau, ce qui exige que la particule d'oxygène soit biatomique (1). Il examine ensuite la combinaison de l'azote avec l'hydrogène, la composition du protoxyde d'azote, celles de l'alcool et de l'éther sulfurique, et il est conduit à la conséquence que les combinaisons s'effectuent par des particules qui sont divisibles.

1 molécule de chlore, combinée avec 1 molécule d'hydrogène, donne 2 molécules de gaz hydrochlorique; 1 molécule de gaz oxygène, combinée avec 2 molécules d'hydrogène, donne 2 molécules de vapeur d'eau; 1 molécule de gaz azote, combinée avec 3 molécules de gaz hydrogène, donne 2 molécules de gaz ammoniac.

_____

(1) Molécule monatomique, biatomique, triatomique, signifie molécule contenant un seul atome, deux atomes, trois atomes, etc.

En suivant la même marche, il fait voir que les molécules d'azote, de vapeur de brôme, et d'iode, sont biatomiques au moins, comme celle de chlore; celle de mercure, monatomique, etc. Le phosphore, à l'état de vapeur, est tétratomique au moins, et le soufre, hexatomique.

Ces premiers résultats obtenus, il passe à la détermination du poids des atomes suivant la méthode connue, mais en s'appuyant particulièrement sur la composition moléculaire qu'il donne.

Les molécules d'oxygène, d'hydrogène, d'azote, de chlore, de vapeur de brôme et d'iode étant biatomiques, le poids de leurs atomes est le même que celui qui est donné par les méthodes ordinaires, attendu que leur poids atomique relatif ne peut manquer d'être dans le même rapport que leur poids biatomique relatif; mais il n'en est plus de même pour le poids atomique des corps dont les molécules sont monatomiques.

Suivant M. Gaudin, le poids de l'atome du bore est de 0,665 (celui de l'oxygène étant 1), au lieu de 1,36204 que trouve M. Berzélius, et qui est une valeur double; il conclut, de là, que la particule que ce grand chimiste regarde comme un atome n'en est pas un, puisqu'elle est divisible en deux parties.

Il trouve que le poids atomique du silicium est 1,86874, au lieu de 2,77312 que donne M. Berzélius.

On sait que ce poids est encore un point de controverse entre les chimistes; celui donné par M. Gaudin est le double du nombre adopté par M. Dumas, comme il est les deux tiers de celui de M. Berzélius.

Il soupçonne pour l'argent, le columbium et le tungstène, des poids atomiques moitié moindres que ceux qu'on leur assigne ordinairement; quant aux poids des autres corps simples, ils sont les mêmes qne ceux donnés par M. Berzélius.

Dans la deuxième partie de son travail, M. Gaudin s'occupe du groupement des atomes, et des causes les plus intimes des formes cristallines.

Il déclare, d'abord, qu'il lui a été impossible de construire des cubes et des tétraèdres avec 2, 3, 5, 6 ou 9 atomes, en tenant compte de la nature diverse des atomes, et en observant la loi de symétrie dans leur arrangement; ces nombres d'atomes représentent cependant les molécules des chlorures, des sulfures, des carbonates, des sulfates, des nitrates, etc.

Ayant observé que 1 molécule d'oxi-sel ne renfermait généralement que 1 atome de métal, 2 atomes de radical, et 4 ou 6 atomes d'oxygène, il imagina qu'il était nécessaire que l'atome unique occupât le centre du solide inconnu, les atomes du radical étant à égale distance de l'atome central, tandis que les atomes d'oxygène se grouperaient autour, tout en conservant une relation avec chacun des atomes du radical. Il en déduit ainsi une double pyramide de quatre ou six côtés, qui est, pour lui, le type des molécules les plus régulières. Ainsi donc, les atomes se mettent en commun quand ils se groupent; les seules causes qui président à leur arrangement sont la symétrie et l'affinité, ou, plus exactement, l'équilibre des forces nombreuses qui les sollicitent. Il y a combinaison, suivant lui, lorsque les molécules se pénètrent, c'est-à-dire quand leurs atomes se mêlent pour former de nouvelles molécules ; et cristallisation, lorsqu'il s'agit seulement d'une juxta-position effectuée en vertu de leur gravitation réciproque.

Il considère des molécules qui contiennent depuis 1 jusqu'à 193 atomes.

Il cherche à démontrer qu'un nombre pair d'atomes, groupés autour d'un atome central, forme un système stable ; tandis que les nombres impairs autres que 3 le rendent instable.

Pour s'éclairer sur la structure des corps, il interroge leur état gazeux et leur état cristallin : dans le premier cas, la loi simple à laquelle est soumise la distance des molécules permet de déterminer le nombre d'atomes que chacune d'elles renferme ; dans le second, le polyèdre a nécessairement des relations avec la forme primitive des molécules déduite de l'expérience.

Il passe successivement en revue les corps volatils les mieux analysés, l'eau, l'hydrogène sulfuré, l'acide sulfureux, l'acide carbonique, et le sulfure de carbone ; pour lui, les molécules de ces combinaisons sont triatomiques, et des lignes droites dont l'atome le plus électro-positif occupe le milieu.

La molécule de l'hydrogène proto-carboné est 1 atome du troisième ordre, entouré de 4 atomes du cinquième ; celle de l'hydrogène deuto carboné est 1 octaèdre non centré.

L'alcool, l'éther sulfurique, la naphtaline, l'essence de térébenthine, etc., dont la composition atomique est bien connue, donnent des groupements très-symétriques. Cet accord entre les résultats de l'analyse, et ceux provenant d'une théorie qui repose sur des lois de symétrie dont la nature nous offre tant d'exemples, est digne de remarque.

Après avoir déterminé la molécule primitive dans un assez grand nombre de corps, il passe à la cristallisation, c'est-à-dire au groupement d'un certain nombre de molécules pour former des cristaux.

Il distingue 3 molécules fondamentales, qui ont chacune leur système de cristallisation, savoir : la forme bipyramidale, la forme prismatique et la forme cubique.

Le système cristallin correspondant aux molécules bipyramidales comprend les octaèdres à base carrée, les dodécaèdres rhomboïdaux, et les rhomboèdres de clivage ; ceux auxquels donnent lieu les molécules prismatiques et cubiques sont respectivement les systèmes prismatique et cubique de clivage.

Les considérations précédentes ne suffisent pas encore pour former des cristaux. Par exemple, 1 molécule de proto-carbonate ne renferme que 5 atomes, et cependant la plupart des carbonates cristallisent en rhomboèdres, solides dérivant d'une double pyramide hexaèdre, qui ne peut contenir moins de 8 atomes. Pour lever cette difficulté, il admet que les molécules sont réunies deux à deux par voie de combinaison; c'est, selon lui, l'absence ou la présence de cette duplication qui détermine chacune des deux formes inhérentes au carbonate de chaux.

Nous ne suivrons pas M. Gaudin dans ses recherches théoriques pour déterminer les formes des molécules et leur mode de groupement dans les borates, les sulfures, les oxydes, les acides, les silicates, et dans un certain nombre de minéraux; notre but a été seulement d'exposer les principes qui lui ont servi de point de départ dans sa théorie de la cristallisation.

Les mémoires dont nous venons de rendre compte renferment des idées ingénieuses, qui sont assez d'accord avec l'état de nos connaissances en cristallographie; la rédaction en est soignée : vos commissaires, en conséquence, vous proposent d'engager leur auteur à continuer des recherches qui présentent de l'intérêt, et dont on pourra mieux apprécier le mérite lorsque le travail sera plus complet, et qu'il sera surtout appuyé de faits nouveaux propres à changer en vérités des résultats théoriques que l'on ne peut encore considérer que comme des conjectures probables.

Signé à la minute,

GAY-LUSSAC, BECQUEREL.

L'Académie adopte les conclusions de ce rapport.

Certifié conforme,

Le secrétaire perpétuel pour les sciences naturelles,

Signé DULONG.

ERRATA. — Il y a une erreur dans le dessin de la fig. 32; elle ne doit pas contenir d'atome au centre comme l'indique la fig. 31. Ces 4 atomes d'oxygène du centre forment un rhombe et non un carré; son axe est celui qui contient 2 atomes d'hydrogène, fig. 31. Fig. 42, AA = CC'; FF est le plan de clivage. Fig. 19, lisez 7A, 8B.

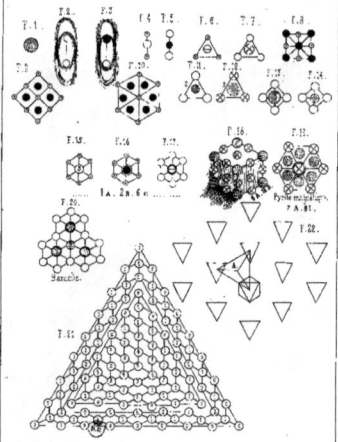

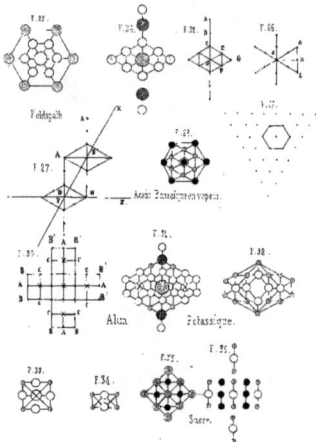

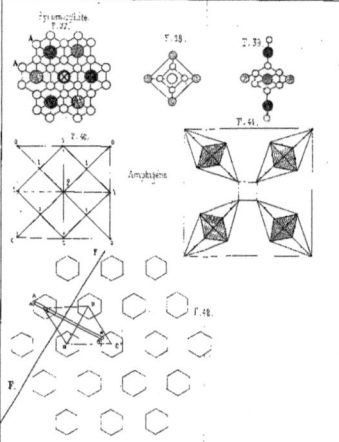